速度与激情

CG美女賽車的締造者MATRIX

矩陣◎著

MATRIX

新一代圖書有限公司

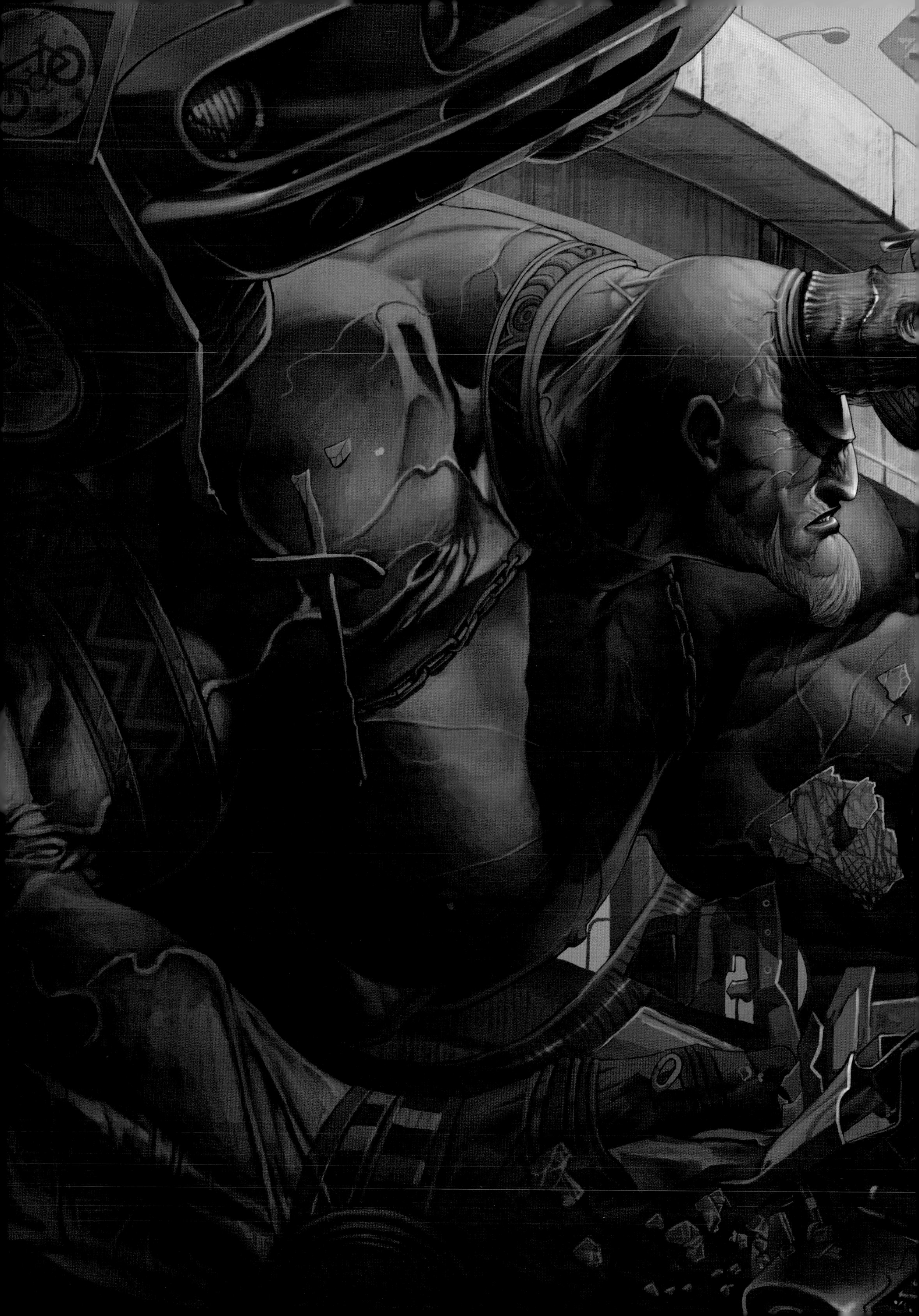

常常說“見畫如見其人”，真是很有道理。在我看來，欣賞一個漫畫家的作品猶如給這位原畫家“相面”。有的漫畫家崇尚暗流似的力量，將精氣融於平和，柔美中隱現硬骨；有的漫畫家無根無氣又無智，流於盲從，作品看似花俏實則虛脫；還有的漫畫家情趣純真率直，兢兢業業中顯現剛毅之氣，暢暢快快　流露可愛之情。在我看來，矩陣就屬於這一類漫畫家。

很多人說中國漫畫缺這缺那，說得都對。我覺得總歸缺一種東西，那就是“執念”。“執念”引人發奮、引人自省，繼而引人脫離流俗誘惑，避免急功近利，再學再造。《變形金剛》為什麼能暢行世界，在我看來源於美國人孩童般的天真執念——再假的東西也能做得和真的一樣，甚至比真的還真。中國的作品為什麼老是有那麼多刺可挑，可能正因為中國人太“聰明”，瞧不起高精力成本的“執念”，而鍾愛於快捷輕便的“投機”。當然，這樣的代價，便是永遠跟在別人屁股後頭。

中國還有那麼幾個有執念的漫畫家，矩陣便是其一。我衷心地希望對於這樣的漫畫家，能夠有更多更好的出版機會和平台，以便於將中國人做文化真正需要的那股氣，給推廣開來。

中國著名漫畫家**張曉雨**

CONTENTS
目錄

前言

與其說自己是畫漫畫的，倒不如說是畫畫的來得更加貼切，因為感覺這樣比較廣義，畢竟我的理想是成為一名畫家，管他畫什麼呢！漫畫和各種各樣的插畫形式都只是繪畫藝術的一種。

我做過的東西很多也很雜，所以本書我會將一些經歷和經驗與大家分享。從主題上看，“速度與激情”的含義一方面是體現我的作品主題和賽車美女相關，另一方面也能夠體現我對繪畫的一種熱情和執著吧。希望對動漫行業充滿激情的朋友們能夠喜歡這本書。

現今中國的動畫、遊戲和漫畫行業發展很快，各種各樣新穎的繪畫形式應運而生，科技的不斷發展導致電腦繪畫成為漫畫行業的主流，但電腦科技再怎麼發達，也只是繪畫從業者們的工具而已，切勿過於依賴。

矩陣
2009.12

汪濤　筆名：矩陣（Matrix）

▸ 1983年生於西安

畢業於西安美術學院

▸ 2005發表彩色短篇故事漫畫

《WHY》《封印》《伴》《責任》《320KM/H》《埋》《瘋狂的愛》《召喚》《包子》

▸ 2006年製作《THE BEGINNING》《BORDERLINE》《MEGABABE》《SUPERGIRL》等美國成人漫畫

▸ 2007年製作加拿大漫畫《BORDERLINE》

▸ 2008年與美國IMAGE漫畫公司合作彩色漫畫《LILLUM》

▸ 2009年《LILLUM》在歐美發行（全5冊）

▸ 2009年參與製作美國哥倫比亞電影公司《地鐵驚魂》網路宣傳動畫

▸ 2009年簽約法國太陽出版社創作法文漫畫《末日之後》

的GTR

CGArt®是中國電子版CG視覺藝術雜誌的開山鼻祖，由CGFinal(原CGer中國)於2004年10月創刊，是中國CG視覺藝術主導期刊。雜誌內容覆蓋了插畫藝術、概念藝術、設計藝術、遊戲動畫、影視後期、建築工業、卡通動漫等領域……得到國內外眾多讀者的支援，以2,000,000的穩定讀者，成為中國電子版CG視覺藝術雜誌第一品牌。

CGArt®自創刊以來就秉持著高品質、免費讀的路線，並致力於中國創意產業與CG事業的發展，聚焦全球CG資訊，盡收CG精華。並積極地發掘新人，包裝新人、推廣新人、為國內外的CG設計師與CG公司提供了一個展示自我的絢麗舞臺。

雜誌目前已有 《CGArt®| 風格》中文版，《CGArt®| 風格》英文版與《CGArt®| 工業》
http://cgart.cgfinal.com

CGART專訪實錄

cGart 1.很高興你能接受我們的採訪，可以和我們說說你的作品範疇和你的生活嗎？

很高興接受CGART的採訪，你們的電子雜誌做得很棒！畫漫畫這麼多年了，幾乎跟畫畫沾邊的所有行業我都幹過了，所以作品範疇比較廣泛。以前我要靠做兒童圖書來生活，天天畫大頭娃娃，有時想想還噁心，現在我基本不做別的什麼了，就是畫漫畫，沒日沒夜的做著自己喜歡的漫畫，連門都不出，快成宅男了。

cGart 2. 槍手的職業有趣嗎？爲什麼選擇這樣的職業？

這問題應該兩年前問我，哈！我早就不做槍手了，那工作很好賺，但沒人知道是你做的。我現在的路線是要名不要錢，所以槍手這樣的工作我是根本不再會做了。

cGart 3.把腦子想的畫出來，這當中你覺得最困難的地方是什麼？

畫面的張力（表現力）。有些作者畫出來的作品平淡無奇，就是因為張力沒表現出來。我曾經也遇到過這個問題，畫出來的人物都像是在擺姿勢，虛假而做作，這和經常做兒童圖書有關係。另一個重要的問題就是真實性。寫實的東西不好畫，腦子已經構思好了一個真實的畫面，要想把它真實表現在紙上，就需要各種圖片資料的參考了。

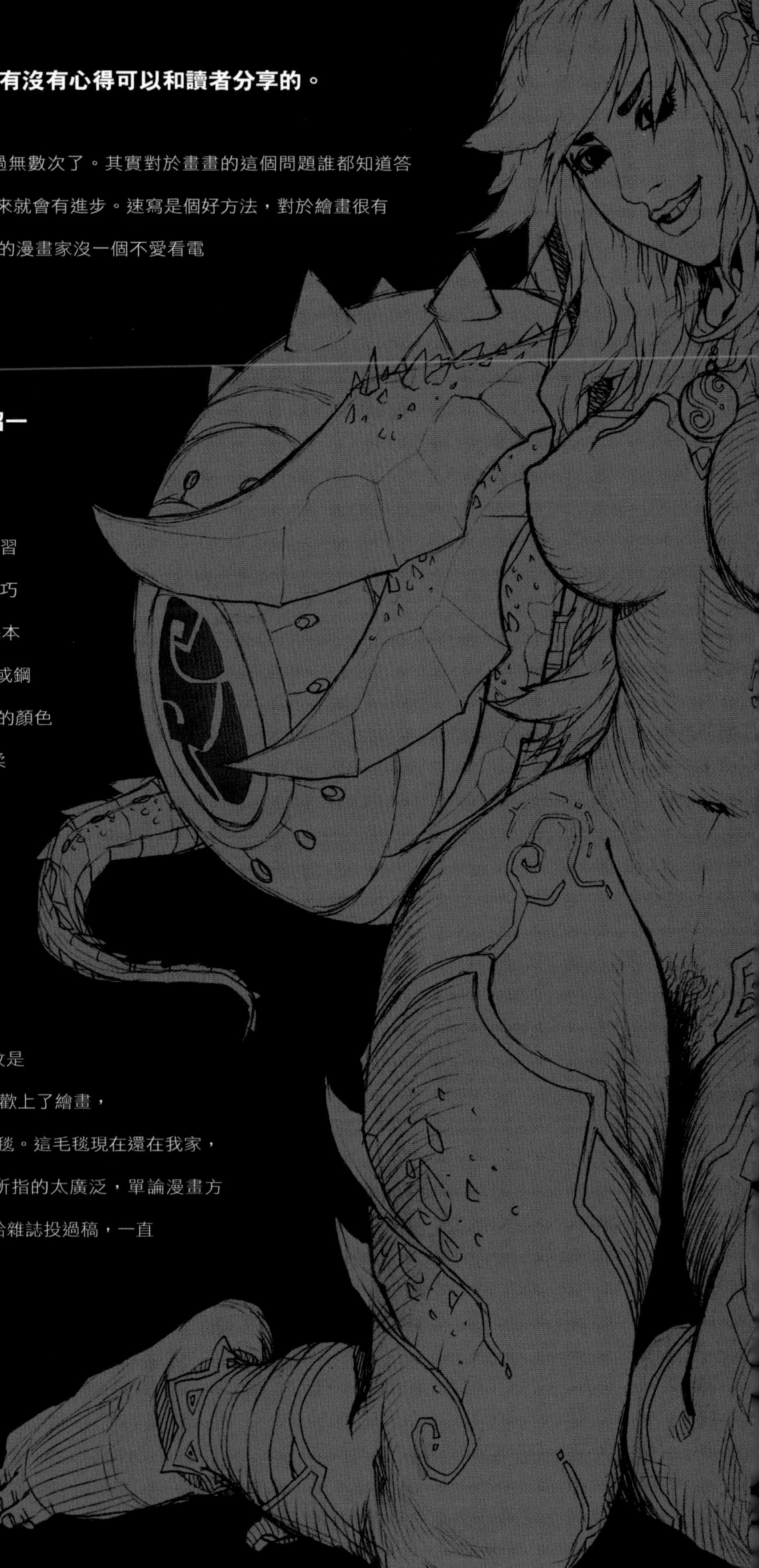

cGart 4.你用什麼方法使自己繪畫技能不斷提高？有沒有心得可以和讀者分享的。

想要提高有個訣竅，那就是多畫，這個問題我已經聽到過無數次了。其實對於畫畫的這個問題誰都知道答案，我自己的看法是只有每天都畫，而且量一定要大，堅持下來就會有進步。速寫是個好方法，對於繪畫很有幫助。除此之外還要大量看書，多看電影也是必須的，我熟識的漫畫家沒一個不愛看電影，我個人偏愛黑社會題材影片。

cGart 5.請問你常用的軟體是什麼呢？請詳細介紹一別人都不知道的軟件上的技巧。

我很喜歡PHOTOSHOP這款繪圖軟體，因為一直在用，所以習慣了。PAINTER也很好用，但我不太習慣。如果讓我講軟體的技巧還真是為難我了，軟體中我最常用的就是畫筆工具，剩下的基本都不會。在這就介紹個將線條變成彩色的方法吧：畫好的鉛筆或鋼筆線掃描後是黑色的，上色時會很突兀。在線條圖層上建立新的顏色圖層（冷暖色系看自己喜好），然後將顏色圖層的屬性設置成柔光，這樣你的線稿就變成彩色了。

cGart 6.你也是從小學習繪畫的嗎？你是如何進入這個行業的？

我奶奶以前是給燈罩廠畫燈罩花紋的（那時檯燈上的花紋是畫上去的），對於當時3歲的我來説影響很大。從那時起我就喜歡上了繪畫，小學時還拿過全市乃至全省的繪畫比賽第一呢，獎品是一床毛毯。這毛毯現在還在我家，不過毛已經快掉完了。至於説如何進入這個行業，“行業”所指的太廣泛，單論漫畫方面，自從對漫畫產生興趣後我就開始不斷練習了，10歲左右還給雜誌投過稿，一直到今天我仍然在畫。

cgart 7.設計與生活、設計與藝術如何取捨，是不是很難處理？

是比較難，因為要生活好就需要錢。很多人所堅持的藝術創作是沒辦法換來錢的，所以有很多人選擇放棄自己的理想而為生活奔波。我喜歡堅持，即使畫的東西現在不被人們所承認，只要你堅持，總有一天會得到認可的，但這條道路比較崎嶇。我曾經窮到跟朋友分攤才能吃一盤馬鈴薯（那時的燴飯白飯不要錢，隨便吃），我們就拼命吃白飯，最後連飯館都倒閉了。

cgart 8.給我們入行不久的原畫師一些建議，如何給自己設目標？如何提高？

我的建議就是吃得苦中苦，方為人上人。錢不是幹這行的最終目的，要先放棄對金錢的欲望你才能創作出好東西。我的作品裡有三分之二是工作以外的創作，沒人給我錢，但我畫的比工作的稿子要認真得多，也正是因為這些自己創作的作品才給我贏得了更多的機會。所以要懂得“捨得”，有捨才有得。

很多剛開始做原畫和漫畫的朋友都遇到同樣問題，不把自己的創作和練習放在第一位，總是考慮到哪能賺到更多的錢，老想走捷徑，這種想法是有問題的。

cGart 9.你的閒暇愛好是什麼？它給你的創作帶來了什麼？

說起愛好那肯定是電影，我買的DVD三五個書架根本放不下，我都放在大箱子　。我基本什麼電影都愛看，歐洲那令人費解的藝術片、美國的形式主義大片、國產片我都看，最鍾愛的還是美國黑社會題材，艾爾・帕西諾那是我乾爺爺（我自己認的，他老人家不知道），黑社會影片的老祖宗，光《疤面煞星》我就看了好幾十遍了，每次都能興奮到暴走！看電影對構圖是很有幫助的，所以一定要多看電影。

cGart 10.如果可以的話，請你透露一些近期的打算和安排

我最近事情比較多，基本都處於開始階段。和法國太陽社合作的東西進展比較慢，跟美國IMAGE公司合作的漫畫《LILLUM》已經發行了，全套5本。至於我自己創作的漫畫，根本沒時間繼續，其餘的時間我就畫個圖書封面什麼的混個水電費而已。

矩陣的動漫畫材工具

雖然我畫漫畫，但很少看漫畫。日本漫畫現在流行什麼我都不是很清楚，美國漫畫不好買到，因此書架上基本都是汽車雜誌書籍。模型我只買車模，1:18的Autoart金屬車模型和（KYOSHO）京商國際頂級車模。繪畫的桌子很簡陋，但是很舒適。繪畫用紙我喜歡小鋼炮A3-80克（65人民幣/包）、自動鉛筆是辰光0.5（8人民幣）、繪圖橡皮（2人民幣）、鋼筆是英雄特細（7人民幣）、中性筆0.28規格（2人民幣）、派克墨水（12人民幣）、Intuos 3的繪圖板（2300人民幣）、Canon IP1880印表機（220人民幣）、明基掃描器（210人民幣）、自製透寫台（100人民幣）、數位相機是Pantex P70（2000人民幣），報告完畢。

在這我想說的是：工具和條件並不是畫畫的根本問題，熱情才是關鍵。要抱著積極向上的心態對待創作，這樣才能創作出好的作品。

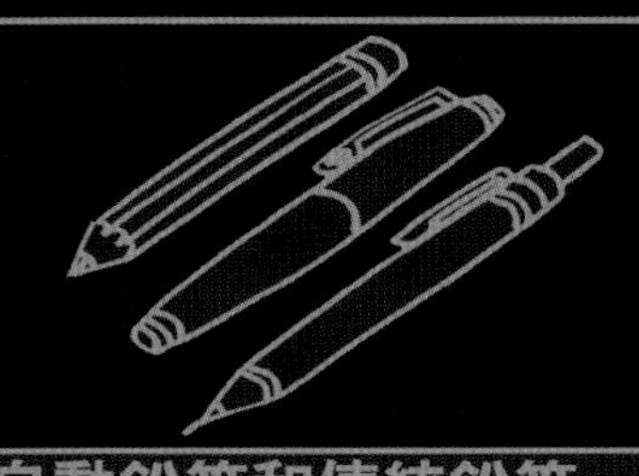

自動鉛筆和傳統鉛筆

小鋼炮列印紙

派克墨水

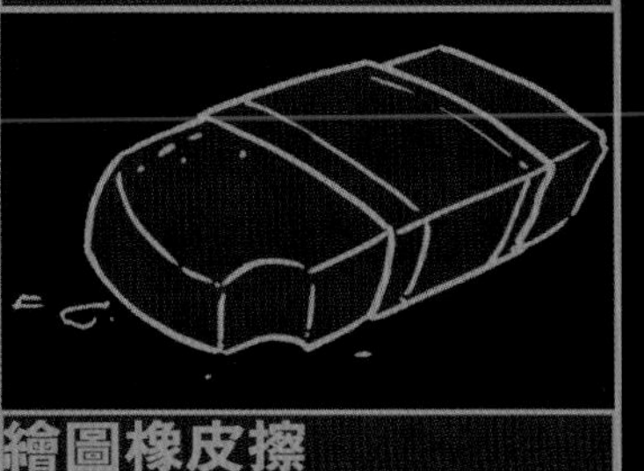

繪圖橡皮擦

我習慣在紙上先畫好線稿再上色，所以鉛筆和紙就很重要了，這是一般比較常規的作畫方式。

紙的選擇很重要，為了線條的美觀要選擇光滑一些的紙張。漫畫原稿紙過於光滑了，我不太習慣，所以偏好選擇列印紙，最好是80克的。我的畫稿都很大，一般是A3規格的，而且有時候兩張A3紙拼在一起畫，主要是為了畫面的精細度考慮。

鉛筆需要不停削，不太方便，因此一般我用自動鉛筆打稿。0.5號的筆芯細度最好，2B的最通用，HB的太硬，所以不推薦。

描線一般用鋼筆。沾水的 G 筆和吸水的英雄牌特細也可以，看個人喜好。墨水要碳素的，顆粒細不堵筆頭。如果用沾水的G筆來勾線，最好在碳素墨水里加些墨汁，這樣畫的線比較細膩。橡皮擦只要是繪圖用的就行，一般小學生用的雖然漂亮，但擦不乾淨。

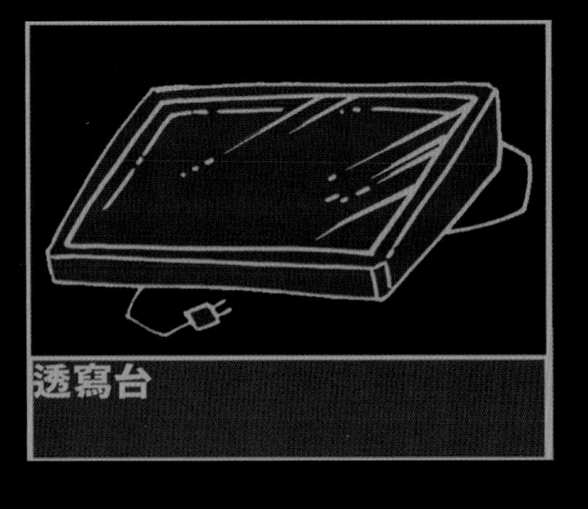

透寫台

透寫台是從事漫畫工作必備的東西，簡單來講只要是個玻璃台下面能發光的就行。以前我上學時比較窮困，拿個飯館常見的三腿凳子反過來扣塊玻璃，下面放上檯燈就可以當透寫台描鋼筆線了（會割傷手）。後來富裕點了就在抽屜上面扣塊玻璃（當然也會割傷手）。還可以在桌子上挖個洞，然後將玻璃放在洞上，貼上膠帶，底下放上燈管。現在經濟條件好了，各大專業相關門店都有銷售，都換上LED了，又薄又輕又不割手。

透寫台的功能其實就是把鉛筆線用鋼筆描繪出來。將鉛筆草稿放在透寫台上，然後放上白紙，經由台子下面的燈光照射，鉛筆稿就呈現在白紙上了，這時用鋼筆在白紙上把線條簡練的勾畫出來，這樣出來的鋼筆線比原本淩亂的鉛筆稿要漂亮而且光滑，上色比較方便，美式漫畫基

電腦上色是目前的CG主流製作方式，如果用鉛筆和鋼筆畫線稿的話，就必須要有掃描器了。掃描器一般等級的就可以，個人覺得不用太好，能掃600DPI解析度的圖片就行。

電腦繪圖板是電腦繪畫的重要使用工具之一，會直接影響到畫面效果。我一直使用的是WACOM的intuos 3代繪圖板，其線條流暢自然，壓力大小適中，適合初學者使用。

印表機比較重要。創作需要很多資料，在百度上（百度是我最愛的網站，我愛死它了）找到資料後，照著電腦螢幕畫是不確實的，需要列印出來參考。如果是很特殊的構圖或姿勢，那就要用到照相機進行專門拍照了，這些都是離不開印表機的。

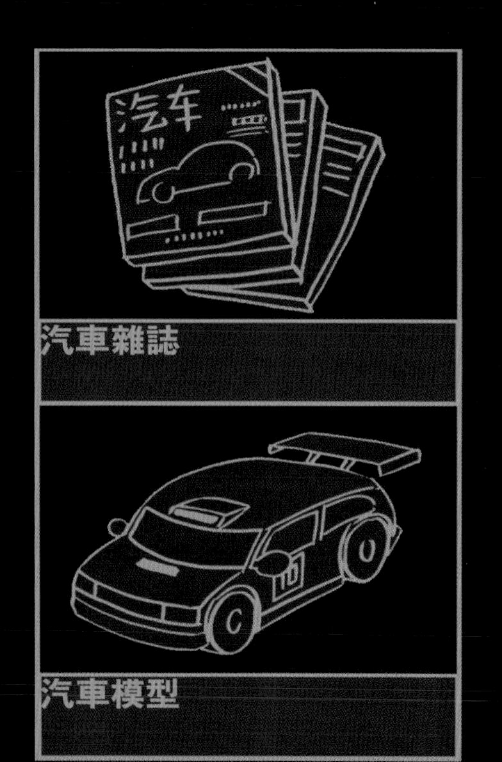

我的朋友都知道我超喜歡汽車，尤其是跑車，所以我買了很多汽車模型和汽車書籍。高級車模很貴，雖然花了不少銀子，但對畫車是很有幫助的，畢竟你可以全方位的觀察車的構造。我一般畫車都是自己打好想要的光源，然後用相機拍出我需要的車模角度並參考著畫，非常方便。

汽車雜誌滿街都是，我最喜歡的汽車雜誌是《汽車與運動》，書　有很多賽車方面的資訊，對畫車也是很有幫助的。

喜歡車的人很多，但動手用畫筆來畫車的人真的很少，現在比較流行的做法一般都是用3D軟體建模渲染成圖，這種做法真實感十足，但是大多缺乏繪畫的生動。

電腦繪畫常規流程

STEP 01 畫出基本構圖，可以潦草些，大關係把握好。在草圖上勾畫鉛筆線稿，一定要把人物比例和結構畫準確。

STEP 02 在透寫台上用鋼筆把草稿重新勾畫，一定要提取主線，沒用的和畫錯的線條不用描繪，手儘量不要抖，否則線條就不能保持光滑了。將線稿掃描到電腦，在PHOTOSHOP軟體　用色階工具（CTRL+L）把線條調整乾淨。

STEP 03 用PHOTOSHOP上色，用PAINTER也可以，後面章節會有詳細講解。

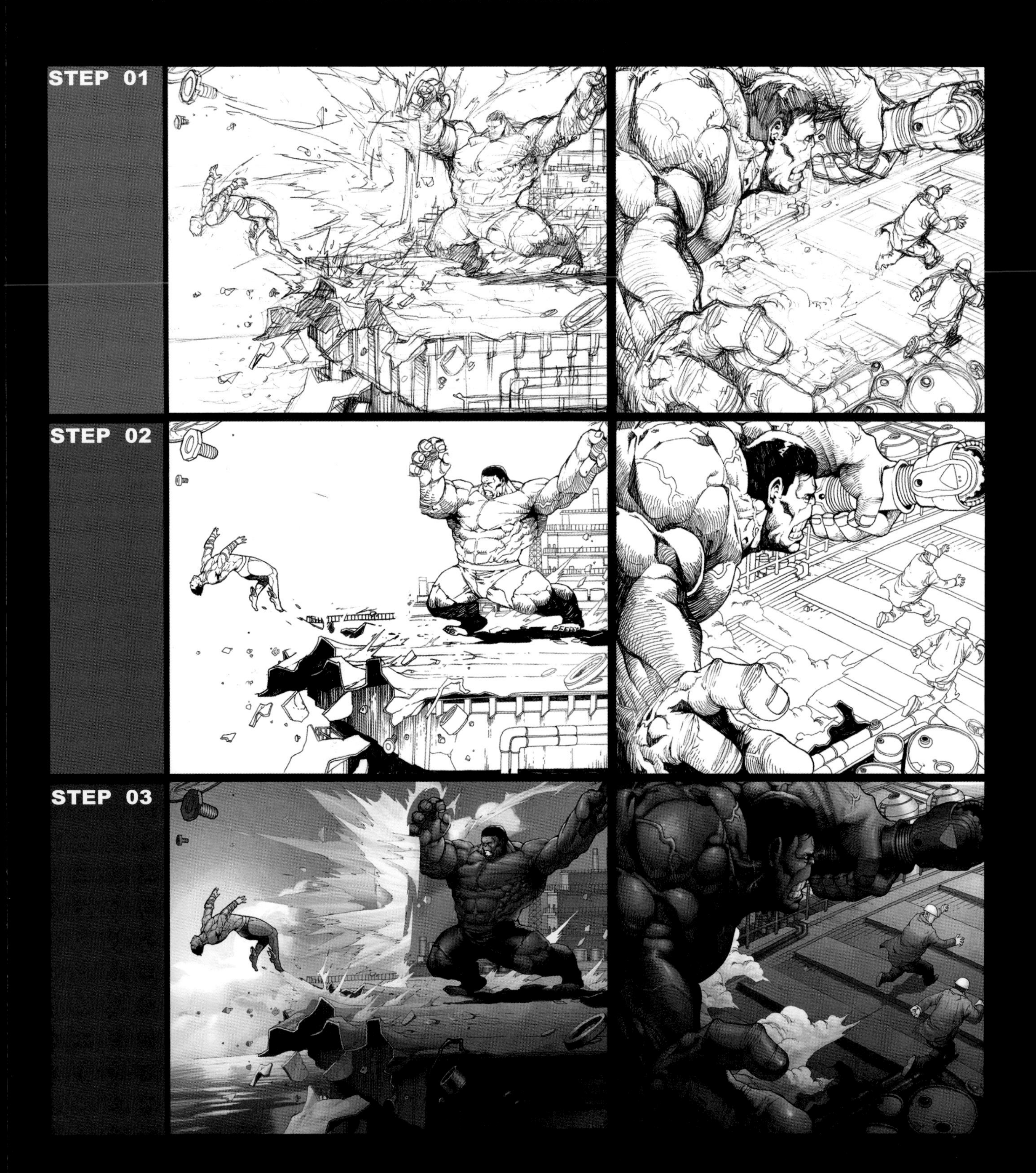

黑白線稿

線是繪畫最基礎的元素，是線稿的基礎。

鉛筆的線條很有生命力，所以我建議大家最好在紙上打稿。由於線條的深淺變化比較難掌握，我一般先在紙上很輕地畫出輪廓和大概構圖，然後在淺色的輪廓上刻畫主要物體，這樣橡皮擦的使用率會降低，畫面也會比較乾淨。

還有一種方法就是用彩色鉛筆打稿。藍色和紅色的比較合適，用彩色鉛筆構圖之後，用鉛筆在上面刻畫，因為彩色鉛筆的線條顏色很淺，而且比較好區分，畫複雜人物的構圖時，為了區分人物也可以使用。儘量讓自己的鉛筆稿保持乾淨，這樣比較好描鋼筆稿，而且直接鉛筆線上色時，掃描到電腦裡也比較好調整。

一張好的鉛筆線稿光源是很重要的，主光源、反射光源都要清晰地表現出來，出現多個人物的時候一定要統一光源，準確的光源和陰影會給畫面增加立體感。

投射在物體上的陰影要根據遮擋物的大小和光源的高低來決定大小和方向。要習慣經常觀察照片的陰影結構，多畫多練習。陰影的一些細節沒必要畫太細，完全可以捨棄，這樣線稿的整體性會更強。如果畫面的每個細節都平均刻畫，那就呈現不出到底哪裡是主體了。

我在以前畫線稿的時候習慣將每個細節都平均對待，畫面雖然精緻了，但顯得靈氣不足，非常匠氣。

線條練習是繪畫的基礎，它是成為一個畫家必須的過程，不能小看。

MATRIX
MATRIX

在為美國出版社供稿的過程中，我學習到很多東西，比如對人物結構的掌握，歐美類型的漫畫是非常注重結構的，尤其是肌肉結構。美式漫畫看似誇張的肌肉其實是很準確的，每個結構位置都很考究，因此我們平時需要翻閱大量的健美雜誌和書籍，包括藝用解剖類的圖書。

很多朋友都問我怎麼畫肌肉，這個問題其實是很好回答的。找幾本繪畫基礎練習的書，裡面都有肌肉的分佈和結構關係的講解，一定要多看多研究。BURNE・HOGARTH的《動態素描人體解剖》這本書很好，但比較專業，不適合初學者。

對於動態的練習還有個方法，就是自己對著自己畫，自己可以照著鏡子觀察自己，或者自己擺出要畫的姿勢，用相機拍下來作為參考。

在美國漫畫裡很常見的表現手法“壓黑”，就是大面積的陰影直接壓成黑色，這樣畫面的衝擊力比較強，比如《300壯士》和《萬惡城市》的作者法蘭克·米勒的畫面風格就極具衝擊力，大量的壓黑和黑白的強烈對比很有特點。

畫女性人物時用線一定要注意，千萬不能將畫面畫髒，否則會感覺皮膚不光滑，如果在同一個地方反覆修改，會留下很深的鉛筆痕跡無法擦掉，所以要特別當心。

女人的身體除了頭髮以外別的地方不需要太強調排線，因為要表現光滑的肌膚，線條要輕而少，衣服的紋理可以粗獷些，這樣可以襯托線條較少的肌膚部分。

參考圖片是畫女性人物的一個捷徑，但不要完全參照，因為照片裡的女人再如何漂亮，你照樣臨摹下來也不會好看的。在臉部和身體部分要適當的進行誇張，比如眼睛的刻畫等。現在不是很多年輕女孩喜歡佩戴虹膜放大的隱形眼鏡嗎？就是為了使眼睛顯得大而有神。鼻子刻畫要概略，不要將鼻孔畫得太過明顯。眉毛要細點，眉尾要高挑一點，顯得精神。嘴唇要上嘴唇薄下嘴唇厚，嘴唇高光要明顯。下巴要尖尖的，這樣女人就會好看很多。

頭髮的表現比較複雜，不能用一根一根來畫，要用概略的表現手法。頭髮也是有結構的，所以歸類的表現方法更容易凸顯頭髮的質感。

MATRIX

接下來講的就是構圖。很多人喜歡中心式構圖。中心式構圖不是不好，但要看情況使用，如果是特寫的表現形式，中心式構圖再合適不過了，但如果是比較有動感的畫面，那就可以選擇對角線構圖和三角形構圖。就像畫面裡的這張金剛狼和蜘蛛人就是對角三角形構圖，既留出了封面寫標題的地方，又呈現了動感。

優秀的電影是我構圖的老師，多看電影對於構圖是很有幫助的，比如張藝謀導演的電影《滿城盡帶黃金甲》、《英雄》等，畫面的構圖用色極具美感，有很多可以學習借鑒的地方。

建議剛開始畫漫畫的朋友最好多看漫畫，只有多看才能瞭解，才能熟悉漫畫語言是如何運用的。

日本漫畫已然自成一派，比如井上雄彥、鳥山明、北条司等等，都是非常優秀的漫畫家，用漫畫講故事的能力都是很強的，多吸取別人的優點來充實到自己的漫畫中。

在這我要提醒的是切莫抄襲。抄襲模仿是目前國內動漫行業最大的一個錯誤觀念，什麼流行就抄襲什麼。這種風格不流行了，又接著抄襲別的，這樣永遠不會找到自己的風格。

LOTUS

速度與激情

自小喜愛畫畫的我攻讀了西安美院設計系，在那結識了很多志同道合的朋友。深受美式漫畫影響的我，風格也越來越歐美化和成人化。我非常喜歡西蒙・比斯利和亞當・修斯這樣的國外畫家，他們是我的目標也是動力。在國外漫畫家的收入是非常可觀的，因為他們的漫畫產業多元化，受眾群從小孩到成年人，漫畫是很有群眾基礎的，自然銷量可觀。

說到美女和跑車，我以前對跑車並不瞭解，女人畫得也很難看，我以前畫的女人很醜很暴力，備受朋友打擊，從此我有時間就不斷練習。 而畫車則是因為我喜愛EA美商藝電的遊戲《極速快感need for speed》系列的遊戲，從第一代就開始玩，慢慢的就喜歡上了汽車，但光畫車很單調，我就配個女人。很多人常問起我怎麼老畫女人和車，但誰見過一跑車前面站一大老爺們的，女人跟跑車才協調啊，呵呵！

汽車我喜歡賽車，像勒芒和WRC世界拉力錦標賽裡面的各種賽車是我最喜歡的，高昂的造價和超強的賽道性能，漂亮的外觀都是我喜歡的理由。還有美國的肌肉車，能擁有一輛1967年的福特野馬GT390或道奇挑戰者是我的畢生夢想，大馬力大扭力大排量大油耗大塊頭，一切都是那麼完美，無可挑剔。希望在我的有生之年有機會駕駛著我心愛的坐駕。

可能是跑車美女這類題材比較受男性喜歡，也少有人畫，所以被男性接受得很快，但不接受的人也很反感，我倒是心態挺好，誰說什麼都無所謂，我喜歡就行。

POLICE

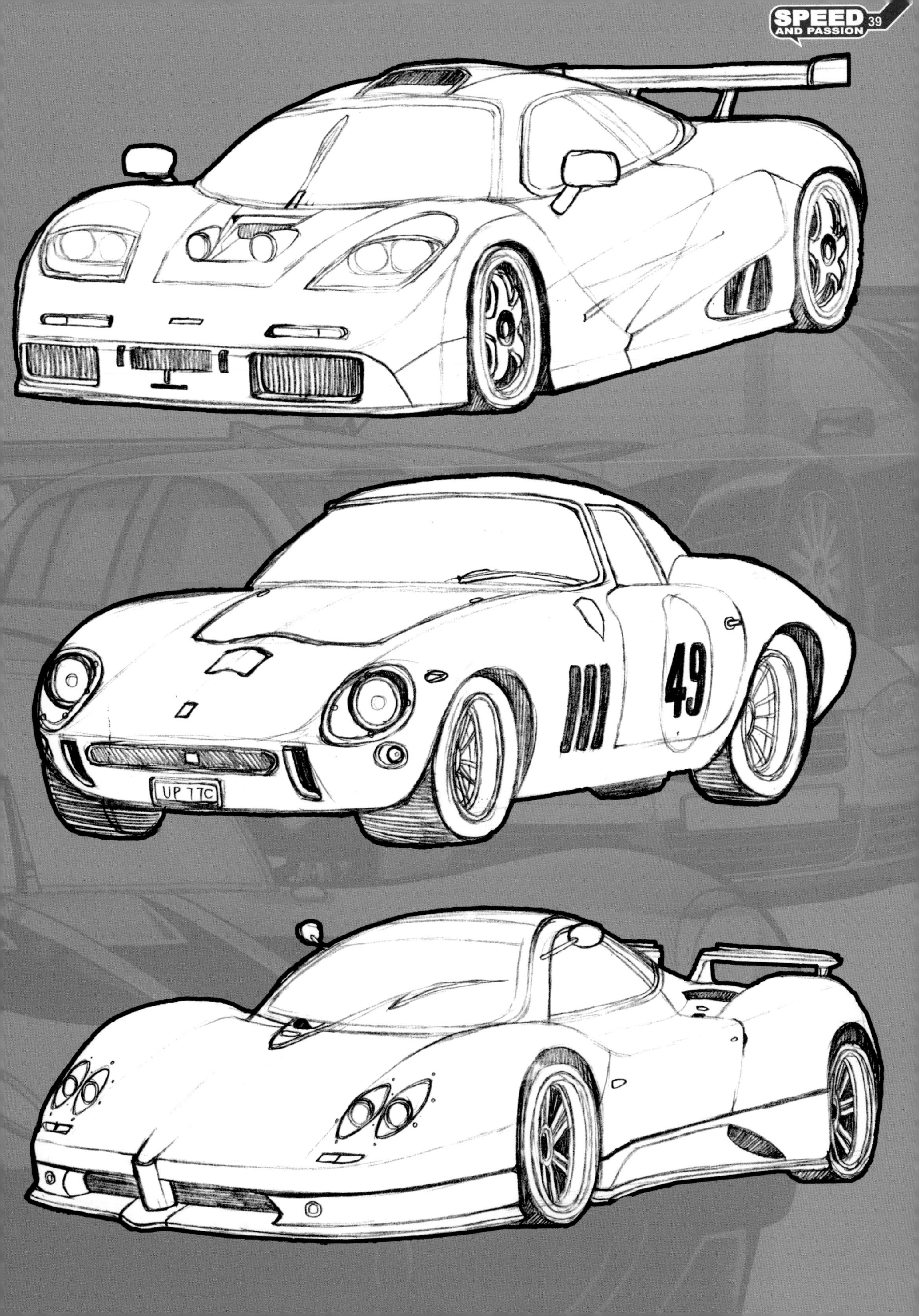
SPEED AND PASSION
39
49
UP 77C

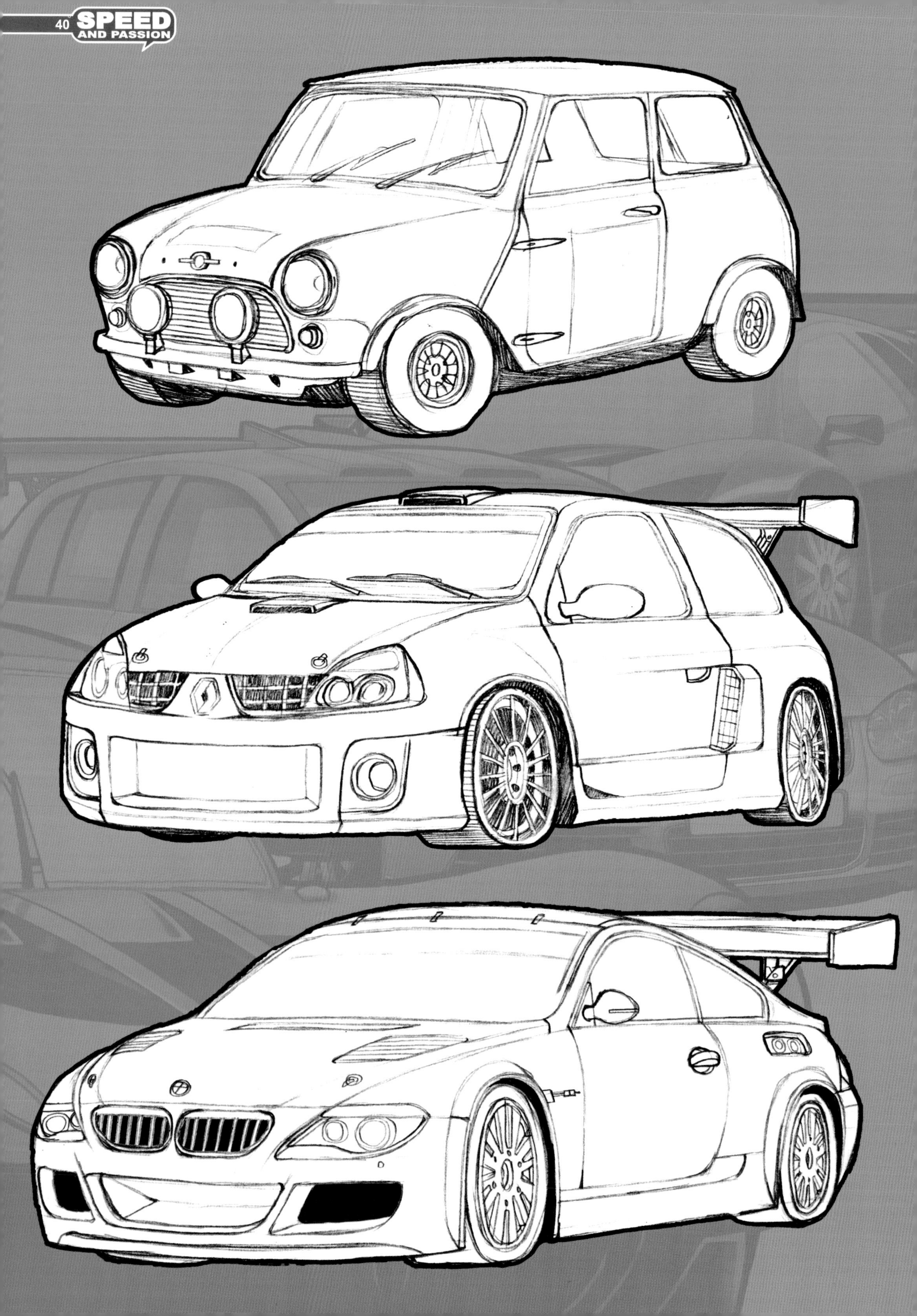

Computer Graphics簡稱“CG”，一個電腦時代的新名詞。我承認電腦是好東西，它提高了創作的效率，但現在很多剛入行的朋友過於依賴電腦，往往依靠電腦的各種特效來完成作品。在電腦繪畫軟體日新月異的今天，軟體功能也日益強大，各種仿真筆刷、仿真模型越來越簡易化，這些不得不令人反思。

多年來我一直堅持用鉛筆和鋼筆打稿，然後電腦上色。繪畫的樂趣在於感受它的過程，而不是通過各種捷徑，國內外知名的漫畫家們手上的基本功可都是靠年復一年的不斷練習累積而來的。

平時多進行速寫和素描方面的訓練對基本功的鍛鍊是很有幫助的。現在各大美院考前班很多，系統的學習一下專業知識還是比較好的。我以前基礎很差，發現自己只會畫那幾個動作、那幾種構圖，變換一個造型我就不會，因此後來努力練習速寫和素描來提高自己的基礎能力。

要想成為一名成功的漫畫家，一定要承受金錢和寂寞的雙重壓力，還有難熬的各種等待。

我記得第一次刊登漫畫是在《新科幻世界畫刊》上，那時張曉雨老師是主要負責人。當時我的畫不是很好，可最後還是給選登了，這件事從此堅定了我畫漫畫的決心。這麼多年過去我畫過各式各樣的畫，當槍手、畫插圖、做人設、弄場景。基本就是在這個範圍內折騰著，但畢竟堅持才是正道。

很多朋友常問我怎麼和國外出版社開始合作的？怎麼聯繫的？其實我還真不知道。我以前連網路都不上，後來在一些專業性論壇帖些圖什麼的，開始沒人注意，時間長了開始有一定知名度便開始有合作機會了。我和不少人合作過，也吃過不少虧，這些“學費”是不可少的，對人生也是一種歷練吧。

　　這張是速度與激情系列裡我自己最喜歡的一幅作品，那輛改裝豐田SUPRA讓我畫得怎麼就那麼漂亮（讓我自滿一下）！其他幾張的感覺都沒這張夠水準（也許是因為那時繪畫能力有限，很多想表達的東西表達不出來）。

滑鼠時代的最後一幅作品，不敢想像自己以前都是用滑鼠上色的，現在想來真的很佩服自己。滑鼠上色要掌握好力度，很不容易。那時沒有繪圖板，後來換了intuos 3代後才發現工具的重要性以及給工作帶來的便利。

MATRIX

TOYO
KZR PERFORMANCE
KZR PERFORMANCE
26
84

JUZHEN WANGTAO

TOYO
TOYO

看到身邊的朋友將結婚當兒戲，使我曾對婚姻一度失去信心。輕易的就結了，又輕易的離，過程快到你想不到。很長一段時間　讓我對婚姻很排斥，這也許是我當初創造這幅作品時的靈感來源吧。

作品以新娘為主體人物，背景中強烈的光影效果表現出了主人公內心的情感在濃郁的色調下表現得十分出色，是一幅優秀的逆光源作品。

一張沒有被選用的商用畫稿。忘記了為什麼最後沒被採用，在漫畫這一行　我早已習慣。給商家畫的樣稿和廢棄的畫稿以及沒有支付稿酬的畫稿加起來是一筆不小的數目，吃虧是福，沒有這些累積也不會有今天的成就。

GT500

這幅作品是在對摧毀汽車感興趣的那段時間畫的。我很喜歡福特GT和1967年的野馬GT500，在畫面中實在不忍心用光束去摧毀，尤其是60年代的，那是美國肌肉車的經典時代，野馬GT是我的最愛。

JUZHEN

人物設定訓練

角色設定，顧名思義就是負責設計登場角色的人物造型、身材比例、服裝樣式、不同的眼神以及表情，並表現出角色的外貌特徵和個性特點等。

設計角色是漫畫中很關鍵的一個步驟，需要根據故事裡描述的人物性格和年齡來進行設計，比如人物性格、人物特色等。要想漫畫裡的人物都有鮮明的特色，那就要在前期設計的時候多考慮，給角色加入一些風格化的東西，比如皮衣讓人感覺很搖滾，緊身衣很性感，襯衣和領帶一看就是白領裝扮等等。

人物的特點要表現清楚。壞人一般都是兇神惡煞的，小眼睛淡眉毛，身材魁梧，多點皺紋；好人就要刻畫得善良，眼睛炯炯有神，身型要勻稱；小孩的眼睛要大點，嘴和鼻子可以小一些，身體圓潤；老年人就駝著個背，滿臉皺紋，頭髮稀少點。

要根據你的漫畫題材來設計人物。比如你要繪製一個青春校園題材的故事，但你的人物設計得人人都是滿臉橫肉，肌肉魁梧，那就錯了。這樣的題材需要帥氣的男主角和漂亮的女主角，黑暗題材的故事才需要暴力、肌肉和兇惡的面容。要仔細設計好角色，這樣你的漫畫才會有意思。

TNT
TNT

NOS
NOS

平時的鉛筆線稿累積對以後的人物設定是有一定幫助的，這些圖片都是我平時的練習。不同時代不同性格的人物經過一定的誇張和表現，會產生不同的效果。

Q版的女人也要性感，這樣容易有效果。比如臀部和胸部可以誇張，頭髮可以飄逸些；眼睛一定要大，眼球要上下撐滿眼眶，否則神態就嚇人了；嘴唇要豐滿，手和腳可以稍微誇張一些。

WB

　　這些是美國神奇漫畫公司的《超級英雄》系列的樣稿。國外出版社一般在確定選題之前都會要求作者提供人設和樣稿給他們。一部漫畫的出版並不是想像中那麼簡單，前期有很多設定工作需要完成。

　　在設計這些人物之前我參考了很多雜誌，務求儘量把肌肉誇張到極致，右圖這個綠巨人，肌肉感覺隨時都可能會爆開！

精彩教程詳解

再好的理論也要通過實踐來進行檢驗。本章我們通過幾個精彩的教程範例，試圖給讀者朋友一些經驗和啟發。（書中附帶的光碟教程是一個全新完整的步驟教學，請大家仔細觀賞，融會貫通）

軟體：ADOBE PHOTOSHOP 7.0

STEP 01 先用鉛筆畫出線稿。我直接用自動鉛筆打稿，配合2B的鉛筆。畫漫畫時線條儘量畫細膩一些，草圖的創作是畫面的關鍵，這是我個人的習慣。線稿掃描進PHOTOSHOP後用色階工具將畫面調整乾淨，將圖片轉換成CMYK的色彩模式。

STEP 01

STEP 02

線稿層上新建一個圖層（色彩增值），填充一個較暗的暖色調顏色。我習慣從深色往亮色著色，這樣畫面的飽和度比較好掌握。

STEP 03

在色彩增值的這個圖層上畫出皮膚和衣服的大概色調，皮膚要淺一些，但注意不要在暖色系的大底上用很冷的顏色，這樣會不夠協調。

STEP 04

用筆刷工具抹出皮膚的明暗關係。在暗色背景上鋪上一層亮色，然後用更亮的顏色繼續覆蓋，直到高光區域，這樣細膩的皮膚感覺就表現出來了。

STEP 05

用同樣的方法將衣服和剩下的地方處理好，色彩運用上注意不要單一用色，注意色彩的冷暖和過渡變化，調整完畢後合併圖層。

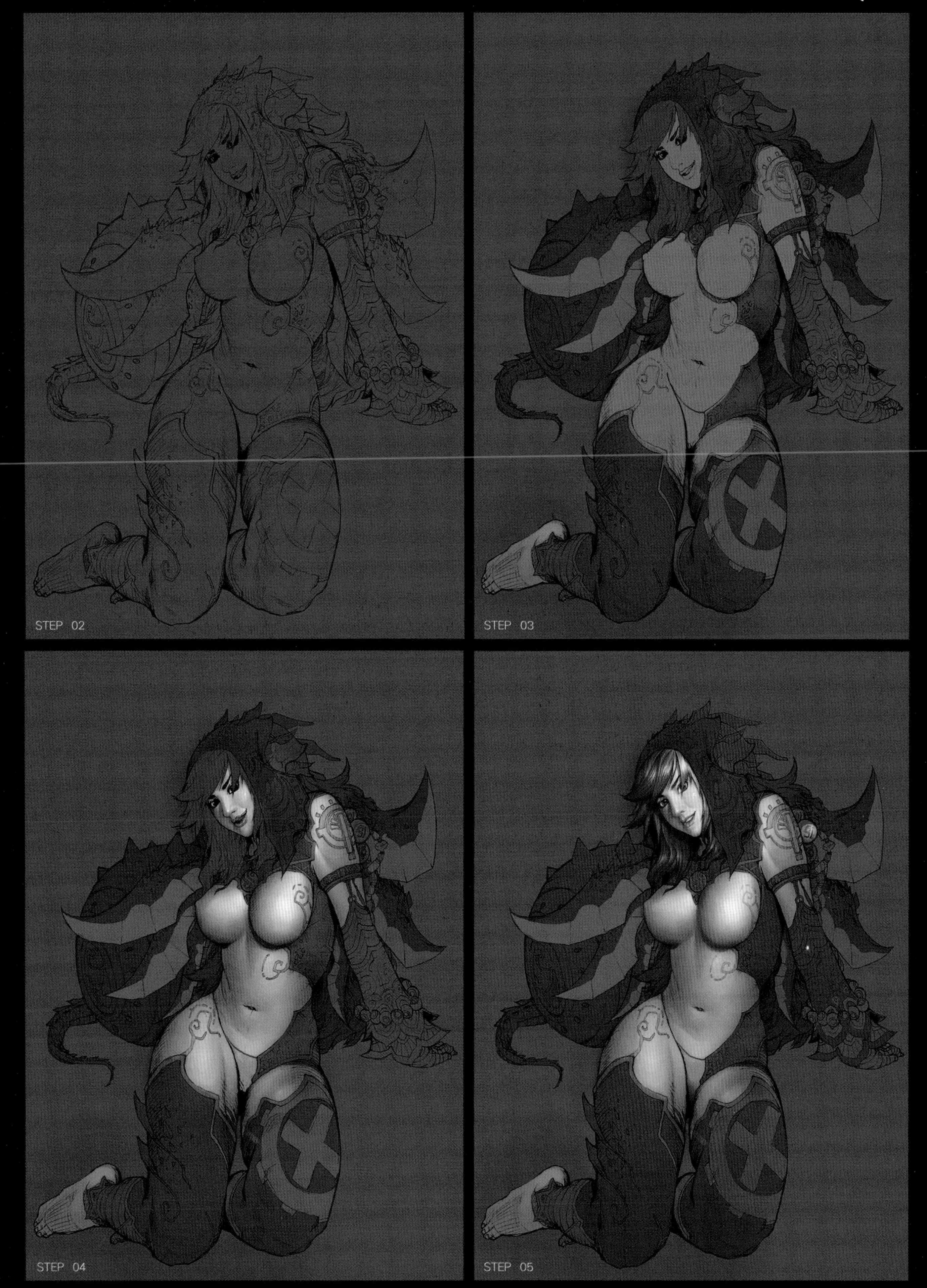
STEP 02
STEP 03
STEP 04
STEP 05

STEP 06

STEP 07

STEP 08

STEP 09

STEP 06

用同樣的畫筆畫出明暗關係，要注意光源。這張畫面的光源是從右上方投射過來的，所有東西都要遵循這個光源原則。

STEP 07

新建一個白色圖層，將主體人物去背，我們將進入下一步描繪背景的過程。

STEP 08

調整好人物的角度，構思好背景的色調之後就開始上色了。

STEP 09

參考畫出背景裡的物件，在一些小飾物上用心刻畫。精彩的背景對主體人物具有很強的烘托作用。

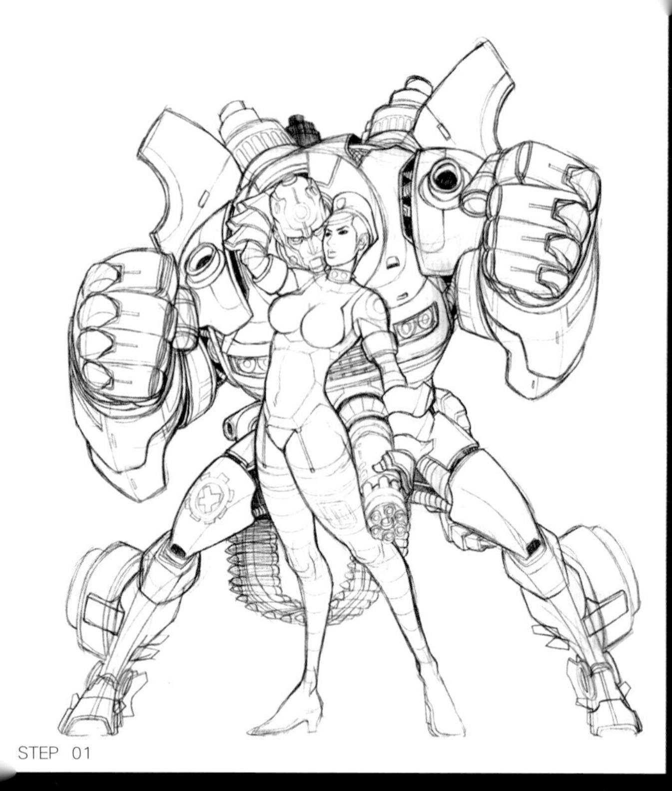

STEP 01

勾勒出作品的鉛筆稿。構圖要仔細構思，在創作的時候可以找好相關的參考資料，這樣在打稿時會有一個參照，可以加強作品的真實度。

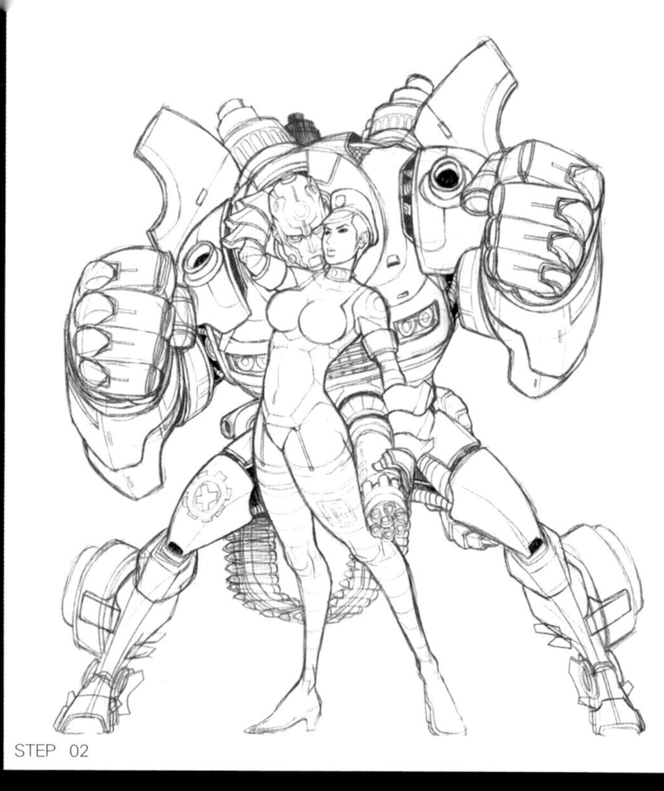

STEP 02

在這幅作品中我決定保留一些鉛筆線，所以為了讓鉛筆線看起來更柔和，不至於那麼黑，可以把鉛筆線變成紅黑色（根據你作品的大色調決定）。

STEP 03

新建一個圖層（色彩增值），然後鋪上大色調。這裡鋪上的是暗紅的底色，飽和度不要太高，將大概的明暗關係用稍微

STEP 04

畫面裡的人物在最前景，所以先從她開始。調出自己喜歡的膚色，記住不要直接調用色票裡的顏色，純度太高不適合我們暗

STEP 05

將人物身上的色彩關係表現出來。這一步要一直圍繞著紅色這個大色系，否則畫面就會很不協調，

STEP 06

用筆刷工具畫出身上的彩色光影關係（可以適當的使用加深和加亮工具，注意加亮工具一定要調成亮部，曝光度在30%左右就可以了）。

STEP 07

現在人物的部分告一段落，從頭部開始刻畫機器人。眼睛是發光的效果，我們來新建一個圖層，然後把筆刷的硬度調低，就可以畫出發光的效果。

STEP 08

機器人的上部是受光面，所以需要畫亮一些，將塊面的明暗關係表現出來。

STEP 09

STEP 10

這個時候可以找來一些車漆很亮的汽車圖片來參考了，畫出機器人身上發光的車漆的效果。

刻畫機器人剩餘的部分，將機器人的顏色再調亮一些。

STEP 11

STEP 12

整體調整一遍畫面。調整主次關係，將精彩的細節部分突出一些。

現在合併圖層，考慮背景如何處理。這裡我因為要添加另一個背景便將主體物用筆型（鋼筆）工具選取並分離出來了。

給主體物找到一個合適的背景圖片，然後參考圖片把背景畫出來。背景需要隨時變動，不能一味的模仿照片。還有一個重點就是要注意光源。背後如果有強光，那人物身上就一定要有環境色，根據光源的顏色來決定反光的顏色。

STEP 01

STEP 01

在紙上用鉛筆構思起稿。儘量把結構都表現出來，這樣後面上色時就比較輕鬆。這張封面是用分割小格子的形式表現的，所以要將每個格子裡的人物和物體大小儘量錯開，不要全是大特寫或全是全景。

STEP 02

STEP 02

打開PHOTOSHOP軟體，將掃描好的的線稿檔打開，然後用快捷鍵“CTRL+L”色階工具來調節畫面，將線稿調整乾淨，不要將鉛筆線稿調得過黑，那樣後面還要覆蓋比較麻煩。如果有畫壞或髒的地方就用橡皮擦工具擦乾淨，然後線稿層上建立一個新的空白圖層。畫面需要有個大色調，我個人喜歡暖色，所以選用了一個暖色調將整個圖層鋪滿，並在圖層屬性裡調成色彩增值效果，圖層下的線稿是可以看見的。

STEP 03

STEP 03

在色彩增值的圖層上用筆刷工具將人物和物體的大體色調鋪好（筆刷我使用的是軟體裡內建的），基本的光影關係大概的表示出來，以便後續的刻畫。需要注意的是前景和遠景之間的關係，白天的話，前景的物體或人物就深一些，遠景的物體和人物就淡。每個格子都要有一個光源。

STEP 04

現在開始逐格刻畫，從第一格先開始。筆刷工具是可以調整硬度的，但我不習慣帶柔邊的筆刷，所以基本都是邊緣很硬的。

STEP 04

STEP 05

在畫面里加顏色。將筆刷調成色彩增值屬性上色的話顏色會自然疊加，所以可以用這個方法將皮膚、衣服、頭髮的顏色確定好。

STEP 06

繼續細畫。這個時候畫面的光源應該基本確定了，如果發現哪裡的光源有錯誤要趕緊修改。到目前為止還是在色彩增值的圖層上畫，破壞不到下面的線稿圖層。將所有的顏色、光影的大概關係都完成之後合併圖層。合併圖層後線稿已經和顏色分不開了，後面的上色基本就和油畫創作差不多了，所以要加倍細心。

STEP 07

如果是寫實的畫面，基本都會有照片作為參考，在參考照片的基礎上自己可以進行一些變化並加工，用小筆觸刻畫細節的小地方。

STEP 08

最後，可以用加亮工具將人物或車輛的高光提亮，將車燈、路燈這類發光體的亮度修改到位，用加深工具把陰影部分壓得深一些，提高層次感。

向歐美多格漫畫進軍

時下很多年青人都喜歡歐美漫畫，其實大部分是受到美式漫畫改編電影所影響。《夜魔俠》、《蜘蛛人》、《綠巨人》等等由漫畫改編的好萊塢電影正日益增多，並漸漸成為如今主流的漫畫文化了。國內的遊戲和插畫也已經受到影響，畫風結實硬朗的美式漫畫風格開始受到追捧。

我上初中才接觸到美式漫畫，當時我很喜歡這種風格的漫畫，一開始是模仿，慢慢就愛上了這種寫實的風格。

如今回想，一路走來感覺好像是場戲一樣，經歷過很多難熬的日子，但我堅持自己喜歡的東西。我從來沒有想過改變自己。事隔多年，我的堅持竟然換得我當年不敢奢望的職業——自由漫畫家，一個在國內畫漫畫，在歐美出書的職業。

MATRIX

和平戏院

PIETRO BERETTA
MATRIX

《LILLIM》漫畫欣賞

《LILLIM》是我的第一部外文版彩色漫畫作品，故事背景主要是以北歐神話為基礎展開的，和以往北歐神話題材漫畫不同的是，原來在北歐神話　扮演著卑鄙小人的洛基成了主角，在《LILLIM》裡他的個性完全被顛覆，被塑造成為了拯救人類的真神，而北歐之神奧丁卻扮演了企圖毀滅人類的大反派。故事裡還出現了大量的北歐眾神，有奧丁的妻子佛莉嘉、雷神托爾、收穫女神西芙、戰神提爾、黑暗之神霍爾德爾等......

《LILLIM》是和美國的獨立出版社IMAGE合作出版的，公司創始人是《SPAWN閃靈》之父陶德・麥法蘭，對於我來說這次的創作經歷是很有價值的，讓我從中學到了很多東西。

在創作《LILLIM》的一年時間　有很多次煩躁的經歷，可能是同一幅主題畫久了的原因，加上交稿時間有限，幾乎沒有什麼休閒的時間，每天宅在家裡的那種感覺，甭提多鬱悶了。

在創作《LILLIM》的過程中，我瞭解到美國漫畫的一些特點：誇張的故事情節，英雄主角伴有美女跟隨，絢爛的場面，一切都是那麼的浮華，人們就是愛看這樣浮華的東西，就像美國的電影一樣，缺乏深層次的內涵。

說到故事，個人更偏愛帶有中國神話色彩的故事腳本，我自己創作的漫畫《楊楊》一直沒有繼續就是因為沒有得到出版社認可。國外的出版社一般很難接受帶有中國神話題材的東西，中國神話對於他們來說是非常陌生的。

LILLIM

LILLIM

LILLIM

國家圖書館出版品預行編目資料

速度與激情・CG美女賽車的締造者MATRIX/矩陣
著．--臺北縣中和市：新一代圖書，2011.01
面； 公分
ISBN 978-986-6142-04-8（平裝）

1.電腦繪圖 2.電腦動畫

312.86 99023562

速度與激情・CG美女賽車的締造者MATRIX

作　　者：矩陣
發 行 人：顏士傑
編輯顧問：林行健
資深顧問：陳寬祐
出 版 者：新一代圖書有限公司
台北縣中和市中正路906號3樓
電話：(02)2226-3121
傳真：(02)2226-3123
經 銷 商：北星文化事業有限公司
台北縣永和市中正路456號B1
電話：(02)2922-9000
傳真：(02)2922-9041
印　　刷：五洲彩色製版印刷股份有限公司
郵政劃撥：50078231新一代圖書有限公司
定價：320元

ISBN： 978-986-6142-04-8
2011年1月印行